NOTICE

GÉOLOGIQUE ET PALÉONTOLOGIQUE

SUR LA PARTIE NORD-EST

DU

DÉPARTEMENT DE L'ALLIER

PAR

B. POIRRIER

Maire de Montcombroux (Allier).

CUSSET

IMPRIMERIE DE M** JOURDAIN.

—

1859.

NOTICE

SUR LES

TERRAINS FOSSILIFÈRES

De la partie Nord-Est du Département de l'Allier,

ET

ÉNUMÉRATION RAISONNÉE DES GENRES ET ESPÈCES

D'ANIMAUX VERTÉBRÉS

Composant les deux Faunes de cette région.

PAR B. POIRRIER, MAIRE DE MONTCOMBROUX (Allier).

1859.

A M. GENTEUR, Préfet du département de l'Allier, chevalier de la Légion-d'Honneur,

Dont la paternelle bienveillance a permis au Maire d'une petite commune, de faire éditer cet opuscule sous le patronage du premier administrateur du département,

Hommage et reconnaissance de son très humble et très respectueux serviteur,

B. POIRRIER

Maire de Montcombroux (Allier)

CONSIDÉRATIONS GÉNÉRALES

SUR LA

GÉOLOGIE ET LA PALÉONTOLOGIE

Des Terrains tertiaires miocènes de la partie Nord-Est du département de l'Allier,

ET SUR LA

FAUNE DILUVIENNE

DE CETTE MÊME RÉGION.

Chaque jour, la Géologie, si féconde en résultats précis, fait des pas immenses, depuis qu'abandonnant les systèmes, et, s'appuyant sur des faits, elle a trouvé ainsi un point d'appui qui la garantit des erreurs.

La Paléontologie, qui lui est si intimement liée, qu'elles peuvent être considérées comme deux sœurs jumelles et inséparables, n'avançant qu'appuyées l'une sur l'autre, a fait, depuis quelques années, plus de pas encore proportionnellement dans la voie du progrès. Depuis que Cuvier, l'arrachant des nuages hypothétiques qui l'enveloppaient, lui a posé un point de départ indiscutable, celle-ci a marché à pas de géant. Aussi, quoique les écrits immortels de cet homme de génie établissent, à tout jamais, les bases fondamentales de cette science, et indiquent aux savants des siècles à venir, la marche à suivre pour n'être pas entraînés dans l'erreur, comme ses devanciers, toujours est-il que les découvertes paléontologiques, depuis Cuvier, enlèvent aujourd'hui l'actualité à ses ouvrages.

S'il est loisible à chacun de se livrer plus ou moins à l'étude de la Géologie, puisque chacun, à chaque pas, rencontre des terrains variés qui fournissent autant de matières à l'observation, la Paléontologie offre un cadre bien autrement resserré, surtout telle que je la présente dans cette notice, c'est-à-dire, telle que Cuvier l'a créée, n'embrassant que les ossements fossiles. S'il est vrai de dire que, dans la plus grande partie des formations géologiques, sont enfouis plus ou moins de ces débris fossiles de l'ancien monde ; d'autre part, dans presque tous les terrains, ces débris sont peu disséminés ; et réclament l'observation et la persévérance pour être découverts. Ces ossements sont moins rares dans les terrains tertiaires. Ce sont ceux-là principalement qui ont fourni des matériaux d'étude si précieux à Cuvier ; et qui, par les types de l'organisation animale qu'ils offrent à nos regards, sont la transition à la Faune aujourd'hui existante et contemporaine de l'homme. Et c'est aussi la Faune de cette période tertiaire, telle qu'elle se montre dans une portion du Bourbonnais, qui forme le but de cet opuscule. C'est l'étude de cette Faune spéciale qui a surtout si grandement progressé depuis quelques années. C'est sur la Zoologie de cette époque que se porte principalement l'intérêt de l'observateur ; et chacun, dans sa sphère, tient à ajouter sa découverte personnelle aux premières grandes découvertes de Cuvier, et à grossir de son tribut partiel, le premier faisceau scientifique.

Appelé, vers la fin de l'année 1838, dans la partie nord-est du département de l'Allier, pour donner mes soins à l'exploitation des mines de houille de Bert, je reconnus promptement qu'en dehors du bassin houiller de Bert-

Montcombroux et des différents terrains granitiques que présente cette contrée, en dehors des quelques terrains de transition qui s'y rencontrent, se trouvait une grande formation lacustre, appartenant à l'époque tertiaire Miocène, et qui, nécessairement, devait renfermer des dépôts plus ou moins puissants de calcaires d'eau douce. Non seulement ce terrain n'avait été nullement étudié jusqu'alors, malgré les riches sujets d'observation qu'il offrait à la science, mais il n'avait aucunement été utilisé par le cultivateur du pays, qui trouvait cependant sous sa main d'immenses moyens d'amélioration du sol. Cette partie du département de l'Allier arriérée sous tous les rapports, l'était surtout sous celui de l'agriculture; et cependant la nature avait tout donné à l'habitant, la houille d'un côté, le calcaire de l'autre, pour produire les amendements réclamés par les besoins de la culture, et procurer à la terre la fertilité dont elle était privée.

Des sociétés étrangères à la localité s'occupaient dès lors à mettre en exploitation les couches houillères; c'était à l'habitant du pays à exploiter lui-même les autres matières premières nécessaires à l'amendement du sol. Mais pour cela, quelques fouilles étaient obligées, les calcaires étant presque toujours recouverts, même sur les collines, par une première couche arable plus ou moins épaisse. Or, nos cultivateurs ont peu d'initiative. Si le résultat n'est pas à leurs yeux matériellement évident, ils se méfient de l'impulsion étrangère qui tend à les pousser à ce résultat, surtout si l'exécution réclame quelques avances de fonds; et il n'a pas moins fallu que la confection du chemin de fer des mines de Bert en 1839 et 1840, pour commencer à faire apprécier, par l'agriculteur, les facilités qu'il possédait autour de lui, pour l'amélioration de la propriété. Les tranchées, en mettant la formation tertiaire à découvert, ont montré à l'œil les calcaires qu'elle renfermait.

Quelques fours à chaux furent donc créés, timidement d'abord ; puis, chaque année en vit augmenter le nombre ; et aujourd'hui, dans son parcours de 24 kilomètres, la ligne de fer des mines de Bert à Dompierre, ne dessert pas moins de 25 à 30 de ces établissements.

C'est aux fouilles pratiquées pour l'alimentation de ces fours à chaux, ainsi qu'à quelques carrières ouvertes dans le voisinage du chemin de fer précité, que je dois les nombreux débris fossiles que j'offre à l'étude des paléontologistes. Ils ont été recueillis principalement dans les communes de Sorbier, Chavroches, Trezel, Jaligny, Châtelperron, Vaumas, Saint-Pourçain-sur-Besbre, Dompierre, presque toutes desservies par le chemin de fer des mines de Bert. Les espèces fossiles que j'ai réussi à y découvrir sont aujourd'hui aussi nombreuses que celles fournies par Langy ou Saint-Gérand-le-Puy, situés à vingt-cinq kilomètres des gisements cités plus haut, et par Gannat, à l'extrémité sud du département de l'Allier. Ces différentes localités sont de la même formation géologique, et présentent à peu près le même ensemble de fossiles non seulement génériques, mais spécifiques ; et tels sont les lieux où il faut étudier l'histoire zoologique ancienne du département de l'Allier. La formation tertiaire se montre aussi sur d'autres points de la France; et il n'est pas hors d'intérêt de jeter ici un coup d'œil sur quelques-uns des caractères de ressemblance ou différence que ces divers dépôts peuvent avoir avec celui qui nous occupe.

En remontant le département de l'Allier vers le sud, et en pénétrant jusqu'à la Limagne d'Auvergne, dont nos terrains lacustres ne sont du reste que le prolongement, nous retrouvons le même système géologique, les mêmes associations de roches; aussi la Faune est-elle analogue; les mêmes genres se rencontrent; les caractères spécifiques seuls commencent à présenter des différences. Mais si nous pénétrons jusqu'au bassin de la Haute-Loire, dans le Velay, le terrain tertiaire miocène présente encore, il est vrai, sur ces points, les mêmes caractères géologiques; on ne saurait y établir un autre étage; mais les caractères différentiels des deux Faunes grandissent; ils ne portent plus seulement sur les espèces; mais chacun des deux bassins offre des genres à lui particuliers; et les Palæotherium complètement étrangers à la vallée de l'Allier, se montrent dans le bassin du Velay.

Si nous voulons maintenant rechercher la corrélation existante entre notre terrain tertiaire miocène et celui du Gers, principalement la colline de Sansan que les remarquables travaux, et les infatigables recherches de M. Lartet ont rendue si célèbre parmi les paléontologistes, là surtout nous rencontrons, quoique dans la même formation géologique, une Faune s'éloignant de plus en plus de la nôtre. Bien des genres sont spéciaux à chacun des deux bassins; celui du Gers, grâce aux découvertes de M. Lartet, nous offre même un quadrumane, le macrotherium, etc., et parmi les genres communs aux deux localités, nous ne rencontrons plus aucune espèce identique.

Malgré les différences reconnues entre les Faunes des deux bassins lacustres, celui du Velay et celui de l'Auvergne, cependant ils sont contemporains, et ne sauraient, comme nous l'avons dit, former des étages différents. Notre terrain d'eau douce de la vallée de l'Allier est plus identique encore à celui de l'Auvergne; et les quelques différences qui existent entre les Faunes, peuvent être attribuées soit à la distribution géographique, soit au fait de l'enfouissement; soit surtout aux facilités plus grandes pour son alimentation, et au milieu plus approprié à ses habitudes que pouvait rencontrer l'animal. Nous pouvons apprécier la valeur de ces causes accidentelles sans sortir de la région que j'ai explorée. En effet, sur un parcours de quelques dix kilomètres environ, l'allure des couches, la nature de leur composition, les petits accidents locaux qui ont troublé tel gisement ou rendu réglé tel autre, et donné un facies particulier à chacun de ces petits dépôts; toutes ces causes faibles en elles-mêmes, locales, circonscrites, ont été suffisantes néanmoins, pour que telle espèce manque ou soit rare sur un point, très-commune au contraire sur un autre. Si on considère en outre les habitudes de l'animal, les conditions les plus convenables pour son développement, nous parviendrons encore à nous expliquer l'absence ou la présence de telle espèce sur un point, sa vie sur les bords plutôt que dans l'intérieur du bassin, et réciproquement. Si donc, dans les mêmes gisements d'une même localité, dont toutes les conditions géologiques sont les mêmes, nous rencontrons ainsi des points de différence et de comparaison, comment des bassins séparés, tels que ceux de l'Auvergne et du Velay, bien qu'appartenant à la même formation et au même étage géologique, n'auraient-ils pas dans leurs Faunes quelques points spéciaux à chacun d'eux?

A plus forte raison alors, le terrain ossifère du Gers nous présentera des différences, puisqu'il doit être regardé comme postérieur géologiquement aux deux bassins précités. Et pour multiplier encore nos points de comparaison, mais sans nous écarter des formations tertiaires; si nous jetons un coup d'œil sur le bassin parisien, ce terrain classique de la paléontologie à ossements, depuis que Cuvier en a créé sur place les caractères, nous trouvons là les Palæotherium, les Anoplotherium, les Lophiodon et une multitude d'autres genres; qui n'ont point leurs représentants dans notre bassin de l'Allier. Il est vrai que les Gypses et surtout le calcaire grossier parisien ne sont plus synchroniques de notre époque miocène; ils lui sont antérieurs, et appartiennent à la formation éocène.

La Faune de la région comprise entre l'Allier et la Loire, peut donc être regardée comme typique; car bien que cette région renferme plusieurs gisements isolés, et qui offrent des caractères différentiels parmi les animaux qui s'y rencontrent, cependant le facies zoologique général les réunit tous dans un même cadre paléontogique; puisque la plus grande partie des mêmes genres, sinon des espèces, s'y rencontrent. Considérées géologiquement, les transitions de l'un à l'autre de ces dépôts sont encore moins tranchées, et doivent les faire regarder comme synchroniques.

La partie du bassin de l'Allier que nous avons ainsi minitieusement explorée nous-même depuis un certain nombre d'années est comprise dans la région la plus resserrée entre la Loire et l'Allier, peu distante du confluent hydrographique des deux vallées. Les quatre cinquièmes des fossiles que renferme ma collection, ont été recueillis dans cette localité, et dans les communes citées plus haut. Le surplus des échantillons provient de St-Gérand-le-Puy, gisement identique à celui-ci, et dont la Faune a été explorée, étudiée et décrite depuis un certain nombre d'années. Dans l'énumération des genres et espèces que j'ai recueillis moi-même, et qui formera la deuxième partie de cette notice; j'aurai soin d'indiquer l'analogie ou les caractères différentiels, la présence ou l'absence des mêmes animaux dans les deux gisements qui ne constituent qu'un même dépôt.

Mais si les richesses zoologiques de Saint-Gérand-le-Puy avaient été explorées, depuis quelques années, on ne peut en dire autant de la région comprise dans les limites indiquées plus haut. Ce pays quelque peu sauvage, avait été complètement inexploré. Ma collection renfermant la Faune de ce gisement est donc purement locale; c'est l'histoire visible et palpable des races zoologiques, qui à ces époques anciennes, ont vécu sur le sol que nous occupons. Cette collection est d'autant plus précieuse aujourd'hui pour le pays, qu'il n'en existe plus d'autre à ma connaissance dans la localité. Celle qui pendant un certain nombre d'années avait été formée parallèlement à la mienne, l'une principalement à St-Gérand-le-Puy, la mienne dans la partie nord-est du département, a été absordée, en grande partie, il y a quelque temps, par le cabinet d'histoire naturelle de Lyon ; les musées de Paris et quelques cabinets d'amateurs possèdent des pièces isolées provenant de ce gîte. Mais le seul ensemble offrant quelque chose d'un peu complet, le seul tableau zoologique de l'ancien monde ayant habité cette région, se trouve dans la collection dont j'offre aujourd'hui une espèce de catalogue raisonné. J'ai été puissamment aidé dans cette classification par plusieurs de nos savants, principalement par M. Pomel et surtout par M. Lartet, auxquels je renouvelle mes remerciements sincères. Je ne me dissimule pas qu'il reste encore fortement à travailler, avant de pouvoir dénommer définitivement toutes les espèces, et spécialement celles de petite taille. Le manque de moyens de comparaison; les retards dans les relations, les correspondances, les envois, ne permettent de ne conduire qu'avec lenteur un semblable travail. Aussi est-ce moins des dénominations spécifiques rigoureuses; encore moins une description détaillée des genres et espèces, que contient cette notice. J'ai voulu plutôt pousser quelque peu l'homme de la localité à observer; montrer à celui qui aurait le goût de l'étude, tout ce que renferme de richesses, pour la science comme pour l'agriculture, ce sol qui, jus-

qu'à ces dernières années, n'avait point été exploré; diriger
enfin l'œil du géologue et du paléontologiste vers les points
réclamant spécialement leurs études, et où la récolte sera
pour eux plus fructueuse. Mais je ne me suis pas seulement
proposé d'engager l'habitant du pays à explorer avec moi
les grands faits qui ont présidé à la formation du globe; à
rechercher, ainsi que moi, ces débris constatant que, bien
antérieurement à l'apparition de l'homme, le globe avait été
successivement habité par des populations colossales, de
formes les plus bizarres, et aujourd'hui complètement dis-
parues; je me suis proposé encore un autre but, plus en
rapport avec les goûts et les idées du propriétaire du sol.
J'ai voulu lui faire comprendre que des recherches de cette
nature ne tendaient pas seulement à satisfaire la curiosité
de l'observateur; qu'elles n'étaient pas seulement faites dans
l'intérêt de la science; ces mots pour lui, sont trop sonores
et trop creux; mais que l'utilité réelle, immédiate, maté-
rielle résidait aussi dans toutes ces observations, qu'elles
pouvaient avoir, en un mot, l'amélioration du sol pour objet.
Car si les ossements fossiles offrent au géologue les bases
les plus solides pour la classification des terrains, ils donnent en même temps des indices précieux sur les résultats
plus ou moins favorables que le cultivateur, voulant amen-
der sa propriété, doit espérer de telle ou telle exploitation
qu'il crée dans ce but. En effet, comme je l'ai dit plus haut,
telle espèce se trouve plus nombreuse ou plus rare, dans certaine partie du dépôt, suivant les conditions qui ont modifié
l'allure de ce dépôt sur un point ou sur un autre. Ainsi une
espèce ou un genre est exclusivement propre aux strates de
grès; telles autres espèces aux calcaires; et parmi ces dépôts
calcaires si variés, certains animaux affectionnent principalement un terrain tourmenté et en masse, certains autres
un dépôt stratifié et tranquille. D'autres, principalement

les amphibies, se rencontreront dans l'intérieur du bassin ; tandis que sur les bords, se montreront les carnassiers et surtout les herbivores. L'inspection de l'os apporté par le carrier, en faisant reconnaître la nature de l'animal auquel il a appartenu, est donc, par cela seul, un premier indice et des plus précieux, des conditions dans lesquelles a été ouverte telle carrière, sur un point nouveau ; et peut, dès l'abord, faire présager, si ces conditions sont favorables ou non à l'exploitation. La connaissance des fossiles vertébrés, appliquée à notre région, est donc un moyen d'asseoir une opinion sur le résultat plus ou moins fructueux qu'offre une carrière pour l'extraction des matières premières réclamées par l'amendement du sol. Et pour éclairer la question par un fait : **Si** un exploitant vient présenter un fragment de tapir découvert dans une excavation récemment ouverte, pour la recherche du calcaire nécessaire à l'alimentation d'un four à chaux, on peut dire hardiment et à première vue, avant d'avoir visité l'exploitation, que les recherches n'aboutiront pas, parce que le tapir, jusqu'à ce jour, s'est montré exclusivement dans les couches de grès ; et que les grès, dans ce bassin, sont inférieurs aux calcaires. L'agriculteur trouve donc dans ses observations sur les fossiles vertébrés des renseignements qui peuvent l'empêcher de se laisser aller à des dépenses infructueuses, et l'engager d'autres fois au contraire à poursuivre avec persévérance son exploitation. Ces observations géologiques et zoologiques sont d'autant plus nécessaires dans cette région, que, dans plusieurs communes situées sur les limites du bassin, le calcaire est presque partout recouvert, même dans les endroits les plus accidentés, par une couche d'humus, quelquefois sableuse et plus ou moins épaisse, et qui peut faire concevoir au propriétaire du terrain des doutes sur sa présence dans le sous-sol. Aujourd'hui que le bassin tertiaire a été mis à découvert, sur plusieurs points, par le chemin de fer des mines de Bert, que les premières recherches pour la fabrication de la chaux ont été heureuses, chaque jour ces exploitations augmentent; de là l'immense progrès que l'agriculture a fait dans nos pays, bien qu'elle laisse encore si grandement à désirer.

La formation géologique qui nous a permis de recueillir cette Faune ancienne appartient donc, ainsi que je l'ai dit, à l'époque Miocène du terrain tertiaire. Les couches les plus inférieures sont principalement des grès très-durs, quartzeux et à ciment calcaire; les couches supérieures sont formées de calcaires lacustres, soit tendres, soit compactes, soit durs et homogènes, plus souvent encore poreux et à indusies. Entre les couches de grès et celles de calcaire, se rencontrent, mais sur les limites du bassin seulement, quelques lits d'argiles ou jaunes ou verdâtres, et des lits de sables plus ou moins fins et durs, ou plus ou moins grossiers. Certains dépôts puissants de calcaires, ne sont composés que de tubes de friganes, autour desquels sont agglomérées par myriades de très-petites coquilles (paludines). Ces petits mollusques, de même que la larve de la Frigane, ne pouvaient vivre que dans des eaux douces et peu profondes. Il serait donc plausible de considérer cette région, comme étant primitivement un grand lac, et pouvant être regardée comme le prolongement de la limagne d'Auvergne. Mais, d'un autre côté, l'insconstance des caractères que ce bassin présente dans ses détails, semble réclamer une modification dans l'énoncé de ce fait. Rien en effet de plus variable que l'allure des dépôts partiels qui composent l'ensemble du système. Non-seulement le mode de stratification échappe à l'œil à chaque instant; mais à chaque colline, sur chaque flanc opposé d'une même vallée, les couches présentent des modifications tranchées. Le calcaire est compacte, et non à tubulure sur un point; et à quelques pas de distance, il n'est plus que terreux, ou marneux et friable. Ici, les couches sont homogènes et semblent vouloir offrir une stratification régulière, et sur la colline voisine, les tubes des friganes donnent un aspect spongieux à la roche, et semblent former une couronne autour des flancs de la colline. Enfin mille accidents de détails paraissent vouloir contredire l'existence première d'une eau profonde, et d'un grand lac uniforme et tranquille, dans toute l'étendue du bassin. Aussi **M.** Bravard, dans sa monographie du Cœnotherium pense-t-il, qu'au lieu d'un lac, il existait plutôt des mares d'eau douce, dont le fond s'exhaussant par suite des sédiments qui se déposaient, était la cause de déplacements qui se renouvelaient sans cesse et rapidement. **M.** Pomel penche pour l'opinion que c'est à des sources minérales très-multipliées que sont dûs les éléments du dépôt; et c'est là qu'il cherche l'explication de ces variations continuelles et si rapprochées qu'offre ce système.

Quelle que soit l'opinion qu'on adopte, toujours est-il que les limites du bassin sont nettement tranchées dans les points que j'ai étudiés, et que les roches tertiaires apparentes sur ses bords ne se retrouvent plus en pénétrant dans l'intérieur du dépôt.

La vallée étroite formée par un petit affluent de la Bèbre, le ruisseau du Graveron, ainsi que la vallée de la Bèbre elle-même qui fait suite à la première, forment à peu près la limite de ce terrain tertiaire; et le chemin de fer des mines de Bert, en suivant ces deux vallées, jusqu'à Dompierre, où la Bèbre se jette dans la Loire, décrit assez nettement les bords de ce bassin d'eau douce. Il fait voir dans ses tranchées, d'abord, l'extrême partie nord-ouest du bassin houiller de Bert-Montcombroux; puis des granites porphyroides et autres sur lesquels s'appuie directement la formation miocène, et quelques coupes de terrains de transition. C'est sur la droite de cette ligne de fer, en se rendant à Dompierre que se reconnaissent ces différentes formations ; tandis que, sur la gauche, règne une série de collines, renfermant des calcaires ou des grès tertiaires.

Les grès qui paraissent, comme nous l'avons dit, sur la lisière du bassin, étaient primitivement les sables sur lesquels reposaient les eaux, et que les agents chimiques, physiques ou mécaniques ont amené à l'extrême dureté qu'ils ont aujourd'hui. Ce sont ces grès qui renferment principalement les débris des plus gros animaux, les Rhinocéros, les grands Crocodiles, certains genres sont même propres à ces grès, à l'exclusion des calcaires, tels que les tapirs, etc. Ces animaux paissaient sans doute sur les bords du bassin ; et leurs débris, mêlés avec les sables qui en formaient le lit, sont restés empâtés et scellés dans la pierre, lorsque ces sables ont été agglomérés.

Les animaux de très-faible taille, les Insectivores, les petits Rongeurs, les Batraciens, les Ophidiens, etc., se rencontrent dans les lits de sable et surtout dans ceux d'argile. La pâte molle de ces couches a pu conserver assez intacts ces débris délicats qui, sans doute, n'ont pu résister ailleurs à la puissance des agents qui ont formé les roches dures soit de grès soit de calcaire. Les conditions exigées pour la conservation de ces restes si fragiles, sont la cause sans doute que ces animaux sont localisés d'une manière assez restreinte, ne se rencontrant que sur quelques points isolés ; mais alors les individus se présentent assez nombreux.

En pénétrant dans l'intérieur du bassin, on découvre dans le calcaire, des animaux de taille moyenne, soit que leurs cadavres aient été entraînés par les eaux à quelque distance des rives, soit que ces animaux aient vécu dans quelques îles; et si quelques grandes espèces se rencontrent dans ces calcaires, ce sont principalement des Amphibies (les Crocodiles, les Tortues), et nous ajouterons les oiseaux.

L'ensemble de ce système géologique, grès et calcaires, argiles et sables est assis directement dans toute la région fossilifère sur les granites porphyroïdes ou les gneiss. Dans la partie nord, près de Dompierre, à une faible distance du confluent de la Bèbre et de la Loire, il s'appuie sur quelques bancs de calcaires et de marnes, peu réguliers, s'interrompant facilement, et n'offrant jusqu'à ce jour, aucune trace d'animaux vertébrés ; mais certains calcaires sont pétris de Cerithes (Cerithium Lamarki), et quelques marnes offrent dans leur pâte une immense quantité de Cyrènes.

Les autres coquilles fossiles qu'on peut rencontrer dans les calcaires à friganes sont, outre les paludines dont nous avons parlé déjà, des hélices (Helix Remondi) qui sont nombreuses dans tous les gisements, et qui se montrent aussi dans les grès; un autre molusque bivalve, mais qui n'appartient qu'aux grès, est l'*Unio*.

Au delà de cette limite de Dompierre, dans tout le reste de la partie nord du département de l'Allier, c'est-à-dire dans la région comprise entre l'Allier et la Loire, jusqu'au département de Saône-et-Loire, nous ne voyons plus qu'un vaste dépôt de sables quartzeux, plus ou moins argileux, et renfermant des lits épais de galets roulés. Cette sorte de dépôt erratique, refoulé depuis la Sologne, est arrivé par les vallées de la Loire et de l'Allier jusqu'à la Limagne d'Auvergne. Quelques fossiles animaux ont été recueillis, à ce qu'il paraît, dans ce terrain, mais ce ne sont que des Mollusques marins et des Echinodermes. Je n'y ai rencontré moi-même que des bois silicifiés, dont certains échantillons de très-fortes dimensions, mais qui demandent à être déterminés.

Ce dépôt quartzeux, considéré géologiquement, appartient sûrement à l'époque tertiaire pliocène. C'est à sa présence, que les communes, situées dans les zônes indiquées plus haut, doivent le peu de richesse, et souvent la stérilité de leur sol ; tandis que là où se montre le terrain miocène, la fertilité reparaît. Aussitôt qu'on arrive sur les limites du bassin miocène, bien que les calcaires ne fassent encore que poindre, un changement notable apparaît dans la culture ; plus on pénètre dans l'intérieur du dépôt, plus riche et plantureuse devient la végétation ; et si la région, nommée parmi nous, la Forte-Terre, est regardée, avec raison, comme le jardin du Bourbonnais, c'est que, située au centre du dépôt lacustre, elle est, pour nos localités, dans les mêmes conditions que la Limagne pour l'Auvergne.

FAUNE DILUVIENNE.

Les observations qui précèdent montrent combien sont riches les gisements fossilifères de l'époque tertiaire miocène, dans la partie nord-est du département de l'Allier, comprise entre l'Allier et la Loire. Mais ce qui rend cette région doublement intéressante pour l'étude et l'observation du paléontologiste, c'est qu'une seconde Faune, bien postérieure à celle de la période miocène, et se rapprochant, par l'ensemble de ses caractères, de la Faune de nos jours, a vécu dans la même localité. Les animaux de l'époque miocène ont été contemporains des terrains lacustres, dans lesquels ils ont été enfouis ; il n'en est plus de même des animaux composant cette seconde Faune. Ils sont plutôt disséminés sur le sol, ou enfouis à une faible profondeur; car le sol était formé depuis longtemps, et avait même subi bien des révolutions, lors de leur apparition.

Cette Faune appartient à la période Post-Pliocène, plus généralement appelée Diluvienne. Nous lui conserverons cette dénomination, tout en reconnaissant que le mot Alluviale, proposé par M. Pomel, serait mieux approprié. En effet, celui de Diluvien rappelle seulement un cataclysme violent et instantané, excluant l'idée d'une époque aussi longue que celle qui nous occupe; tandis que l'expression d'alluviale, sans rejeter la pensée d'une catastrophe brusque et rapide, revêt une acception plus générale, et plus en rapport avec la durée de cette longue époque.

Les animaux qui lui appartiennent sont contemporains des animaux des cavernes. Nous aurons donc ici absence des caractères spécifiques qui distinguent la Faune de l'époque pliocène proprement dite; bien que la plus grande partie des genres soient les mêmes.

Du reste, la Faune pliocène est tellement circonscrite qu'on lui connaît peu d'autre gisement qu'une localité très restreinte à l'extrémité sud du département du Puy-de-Dôme. Elle sert de transition entre les Faunes énumérées dans ce catalogue, la Faune Pliocène et la Faune Diluvienne; mais se rapprochant bien davantage de celle-ci. Les types génériques sont généralement communs; beaucoup même se continuent avec la Faune nouvellement existante; les formes spécifiques constituent les différences; tandis que les espèces de la dernière période, la période Diluvienne, se rapprochent de plus en plus de celles de notre époque actuelle.

Beaucoup de ces espèces sont clairement distinctes de leurs congénères aujourd'hui vivants; chez d'autres, les caractères différentiels sont plus difficiles à établir. Les espèces qui ont leurs analogues en France, telles que Bœufs, Cerfs, Chiens, Ours, Blaireaux, Lièvres, Lagomis, etc., se trouvent mélangées avec les espèces de climats étrangers : Eléphants, Rhinocéros, Grand Félis, Hyènes, etc. ; et un fait curieux à constater, c'est que ces derniers animaux et autres, dont l'habitat nous rappèle les climats les plus chauds, se trouvent associés non-seulement à des genres ou espèces propres aujourd'hui à la zône tempérée, mais à des animaux spéciaux de nos jours aux climats hyperboréens ou alpins ; tels que Rennes, Marmottes et même Ours, etc. Mais ce fait n'est pas propre au gisement de l'Allier. Sur tous les points de l'Europe où cette Faune Diluvienne est observée, même dans les parties les plus méridionales, les mêmes faits sont constatés. Nous savons, il est vrai, que des Eléphants, des Rhinocéros de cette époque ancienne ont été retrouvés, de nos jours, ensevelis sous les glaces, avec des modifications dans leurs téguments, qui leur avaient permis de vivre sous un climat froid. Mais les espèces hyperboréennes que nous rencontrerons dans nos gisements, ne présentent pas de pareilles différences avec leurs congénéres actuels. Il serait donc plus difficile encore d'expliquer leur présence au milieu d'animaux habitant aujourd'hui les climats chauds, sans admettre que la température du globe sur les points occupés par cette Faune, était inférieure à la température actuelle. La cause en serait-elle dans ce fait que des contrées émergées, auraient, en reculant ainsi les terres vers les régions polaires, produit un abaissement de température? ou bien encore, ne trouvait-on pas l'explication du fait, dans la plus grande extension des glaciers à l'époque Diluvienne? Ces opinions, très plausibles du reste, sont soutenues par plusieurs géologues. D'autres, tels que M. Lartet, en trouvent plutôt l'explication dans des habitudes de migration, conservées encore de nos jours par un grand nombre d'oiseaux; et devenues, sans doute, de plus en plus impraticables pour les mammifères, lors de la présence de l'homme sur la terre.

Les gisements les plus riches, dans notre localité, en ossements de cette époque, sont dans la commune de Châtelperron. C'est principalement dans des anfractuosités un peu prononcées, et formées par des roches calcaires, que se trouvent ces ossements diluviens, accumulés quelquefois en grande quantité.

J'ai promptement abandonné la pensée que ces débris avaient été amoncelés sur ces points, roulés et déposés par les eaux. Il est bien plus probable que ces cavités servaient de retraites aux animaux carnassiers, qui venaient s'abriter ainsi pour dévorer leur proie. D'ailleurs beaucoup d'os portent les empreintes des dents des carnassiers qui les ont broyés; presque toujours ce sont les mêmes pièces, c'est-à-dire, les têtes les plus cartilagineuses qui manquent dans ces os, comme étant celles qui offraient le plus de facilité à être rongées et le plus de substance nutritive, Enfin, une autre considération qui peut aussi avoir son poids, c'est qu'au milieu des débris de tous ces animaux gigantesques Rhinocéros, Eléphants, Bœufs, Ours, Lions, Hyènes, Cerfs, etc., se rencontrent, en très grande abondance, et bien conservés, des os et mâchoires de petits Rongeurs, qui, dans les restes du festin des animaux carnassiers, trouvaient sans doute eux-mêmes une ample nourriture. Si tous ces débris avaient été entraînés, puis amoncelés par les eaux, dans les dépressions du terrain où ils se trouvent, les ossements de ces petits rongeurs, loin d'offrir l'état de conservation qui leur est habituel, auraient été réduits en poussière.

Un fait remarquable, et qui, il y a peu d'années, n'aurait été admis qu'avec le doute le plus prononcé par les paléon-

tologistes; mais qui, aujourd'hui se trouve appuyé par
d'autres faits analogues, et non moins avérés; c'est que
dans le gisement le plus abondant en animaux anté-dilu-
viens, dans la commune de Châtelperron, à 70 centimètres
environ de profondeur, au milieu de très nombreux débris
d'Ours, d'Hyènes, de Rhinocéros, de Chevaux, de Bœufs,
de Rongeurs, j'ai recueilli moi-même une portion d'os long
travaillé par la main des hommes. Cet os est très finement
aiguisé en poinçon, à une extrémité; l'autre est plate et
un peu fendue. Il présente assez fidèlement le faciès d'un
fer de javelot. A-t-il été véritablement une arme dans
la main de l'homme, pour attaquer l'animal ou se défendre?
Le Carnassier blessé, est-il venu, l'arme restée dans la
plaie, se réfugier dans son repaire et peut-être périr au milieu des débris qui avaient journellement fourni à sa subsis-
tance? Quoiqu'il en soit, à un fait semblable, se rattache
une question du plus haut intérêt, celle de savoir: Si les
espèces qui composent la Faune Diluvienne existaient ou non
avant l'apparition de l'homme sur notre sol. Toujours est-il
que le fait que je signale a eu lieu dans des conditions bien
autrement positives que plusieurs autres faits semblables
fournis par l'exploration des cavernes. Aux fragments de
poteries cuites au soleil, et aux autres signes grossiers de
l'industrie humaine, qui ont été rencontrés dans ces cavernes, on répondait : que ces fragments pouvaient y avoir été
apportés bien après que les animaux avaient cessé d'exister;
puisque d'ailleurs, c'était toujours à la partie superficielle
qu'ils se montraient. Dans le cas actuel, c'est à une certaine profondeur dans le sol, qui n'a jamais été remué ; au
milieu même des ossements des animaux enfouis, que nous
trouvons déposée une preuve de l'industrie humaine, por-
tant la même date que celle de la mort de ces animaux,
tous disparus de nos contrées.

Les considérations générales dans lesquelles nous venons d'entrer, étaient nécessaires, avant d'aborder l'énumération des différentes familles, genres et espèces qui se sont succédées dans nos localités émergées depuis si longtemps. Du reste, nous le répétons, ce ne sont pas des descriptions que nous nous proposons; nous ne voulons point discuter les caractères qui ont servi à établir cette première ébauche de classification. Plus tard, lorsqu'une étude plus approfondie, lorsque des matériaux de comparaison, la fréquentation des autres collections, une réunion plus complète dans ma collection de ces débris de l'ancien monde, enfin des relations plus intimes avec plusieurs de nos savants qui ont bien voulu m'aider déjà de leurs lumières, m'auront permis d'entrer dans la lice, à leur exemple; alors seulement nous pourrons aborder et décrire une classification de détail, en faire ressortir tous les caractères; et offrir ainsi à la science un livre sérieux, dont cette notice et l'énumération qui l'accompagne ne sont que le prodrome. Notre but aujourd'hui est de présenter seulement un catalogue raisonné qui puisse servir de guide aux personnes qui voudraient nous imiter dans l'exploration de notre région fossilifère.

L'auteur que j'ai principalement suivi pour le classement de ma collection et pour l'ordre que j'ai adopté dans ce catalogue, est M. Pictet, dans son traité de Paléontologie.

ÉNUMÉRATION RAISONNÉE

Des Familles, Genres et Espèces d'animaux vertébrés, composant les deux Faunes, Miocène et Diluvienne, de la partie Nord-Est du département de l'Allier.

1re CLASSE.

LES MAMMIFÈRES.

ORDRE DES CHÉIROPTÈRES.

TRIBU DES PHYLLOSTOMES.

Les débris fossiles de Chéiroptères sont rares dans le terrain tertiaire miocène de notre localité. La cause en est-elle à la petitesse de ces débris qui les aura dérobés aux recherches de l'observateur, ou au peu de résistance qu'ils auront offert, lors de leur enfouissement? Jusqu'à ce jour, ils n'ont été représentés dans le dépôt de l'Allier que par la tribu des Phyllostoma. Cuv. et Geoff.

Et le genre *Palæonyctris*. Pomel.

La seule espèce que nous ayons découverte est le *Palæonyctris robustus*. Pomel. Carrière de Toury, commune de Saint-Pourçain-sur-Bèbre.

C'est également, à ma connaissance, la seule espèce de Chéiroptère qui ait été rencontrée dans les carrières de Langy, près de Saint-Gérand-le-Puy.

ORDRE DES INSECTIVORES.

Les Insectivores se trouvent dans notre terrain miocène;

et peut-être plus abondamment que nous n'avons pu le reconnaître jusqu'à ce jour. Mais ils se rencontrent sur très-peu de points du dépôt, et seulement sur les limites. Ce n'est que depuis peu de temps que nous connaissons des gisements où nous avons pu recueillir bien des ossements se rapportant à des Insectivores; mais leur petitesse réclamant une étude minutieuse, et les moyens de comparaison nous faisant faute, nous ne pouvons indiquer que le

G. *Geotrypus*. Pomel,

constaté par des pièces assez nombreuses.

Geotrypus antiquus. Pomel. (Syn. *Talpa acutidentata*. Blainv.), carrière de Peu-Blanc, commune de Sorbier.

Les Geotrypus n'ont pas encore été trouvés à Langy, qui possède les Sorex.

ORDRE DES CARNASSIERS.

1re TRIBU

LES URSIDES.

Parmi les animaux de cette tribu, les uns appartiennent à l'époque Diluvienne, les autres à la période Miocène.

G. *Ursus*. Lin.

Ursus Spelœus. Blum. Époque Diluvienne; commune de Châtelperron.

C'est l'ours des cavernes que tant d'auteurs ont décrit. Les dents isolées de leurs alvéoles, les petits os, tels que les Métacarpiens et Métatarsiens se rencontrent facilement. Les os de grandes dimensions appartenant aux membres sont rares.

G. *Meles*. Lin.

Meles fossilis. Pomel. Diluv. Châtelperron.

G. *Amphicyon*. Lartet.

Les Amphicyon se rencontrent volontiers à Langy, et M. Pomel a pu établir parmi eux cinq espèces différentes. Ils sont rares dans la vallée du Graveron et de la Bèbre.

L'espèce la plus répandue est :

Amphicyon Leptorhyncus. Pomel, qui se trouve sur des points assez distants les uns des autres. Toury, commune de Saint-Pourçain-sur-Bèbre. Peu-Blanc, commune de Sorbier. Les Alletz, commune de Jaligny.

D'autres ossements paraissent devoir se rapporter à des espèces de plus fortes dimensions.

G. Hyœnodon, de Laizer et de Parieu.

Ce genre si remarquable, que M. Pomel et quelques autres zoologistes se refusent à classer parmi les carnassiers Monodelphes, mais rangent parmi les Didelphes, à cause de l'organisation anormale de la mâchoire inférieure, se rencontre dans notre bassin sans y être commun. Je n'ai même pu y découvrir qu'une seule mâchoire inférieure. Sans être bien intacte, elle offre cependant toute la série des dents sauf les incisives, c'est-à-dire, les 7 molaires et les canines. Carrière de Chassimpierre, commune de Châtel-perron.

Ma collection renferme plusieurs espèces d'*Hyœnodon.* La seule nettement déterminée est :

Hyœnodon Leptorynchus. De Laizer et de Parieu.

Elle provient de la carrière de la Justice, commune de Vannas, c'est-à-dire, des couches de grès que nous avons décrites comme inférieures aux calcaires. C'est l'espèce la plus petite. Car les trois autres, non encore nommées, sont de taille beaucoup plus forte. Aucun auteur n'indique l'Hyœnodon dans le terrain de Langy, et cependant je possède un radius qui doit appartenir à ce genre et qui provient de cette localité.

Les deux espèces les plus fortes sont : l'une des Alletz, l'autre de la commune de Trezel, par conséquent des calcaires. Ces animaux sont communs dans le bassin aux grès et aux calcaires.

2me TRIBU.

LES CANIDES.

Aucun genre de cette tribu ne se rencontre dans notre terrain tertiaire miocène, à moins que quelques fragments découverts aux Alletz, puissent être rapportés au *Canis brevirostris de Croizet*. Nous n'indiquerons néanmoins ce rapprochement qu'avec doute. Mais l'époque Diluvienne nous a donné une certaine quantité de débris et surtout de mâchoires assez complètes, se rapprochant du *renard* ou d'*un chien* de la taille de celui-ci. Nous ne pouvons encore en donner les déterminations spécifiques. Gisement de Châtelperron.

3me TRIBU.

LES VIVERRIDES.

Les Viverrides et la tribu suivante, les Vermiformes, présentent, dans notre localité, comme à Langy, un certain nombre d'espèces, mais dont la classification spécifique offre quelques difficultés ; d'autant plus que les échantillons sont rarement bien intacts. Les mâchoires inférieures se rencontrent facilement, mais les dents manquent volontiers dans la plus grande partie des alvéoles. Laissant donc de côté beaucoup de pièces non encore déterminées, nous nous contenterons d'indiquer les genres et espèces dont les caractères sont peu contestables.

G. *Amphictis*. Pomel.

Amphictis antiquus. Pomel. (*Viverra antiqua.* Blainville). Grès de Vaumas.

 G. *Herpestes.* Illiger.

Herpestes primæva. Pomel. Grès de Vaumas.

4me TRIBU.

LES VERMIFORMES.

 G. *Mustela.* Cuv.

Mustela minuta. Gervais. Les Alletz.

 G. *Plesiogale.* Pomel.

Plesiogale Angustifrons. Pomel. Les Alletz.

 G. *Plesictis.* Pomel.

Plesictis Genetoïdes. Pomel, (*Mustela Plesictis,* de Laizer et de Parieu.

Cette espèce mérite ici une mention toute particulière.

Elle avait été enfouie, sur la lisière du bassin, dans un petit dépôt de sable intercalé dans les calcaires à Peu-Blanc, cette particularité m'a permis de recueillir l'animal presque au complet, ainsi que l'indique la nomenclature ci-jointe des parties de son squelette.

Tête entière, quoique fissurée, et offrant la dentition complète de la mâchoire supérieure et inférieure ;

39 vertébres ;

Quelques fragments de côtes ;

Les deux omoplates, bien qu'un peu fracturées ;

Les deux humerus intacts ;

Les deux radius et les deux cubitus ;

18 phalanges appartenant soit aux pieds de devant, soit à ceux de derrière ;

Une partie notable du bassin ;

Le fémur gauche ; la partie inférieure du fémur droit ;

Le tibia gauche ;

Un astragale; un calcaneum, et une partie des autres petits os.

J'indiquerai une autre espèce de *Plesictis*, très-probablement nouvelle, provenant des carrières de Langy. Je ne possède, il est vrai, que la mâchoire inférieure, mais bien entière, avec sa dentition. Elle appartient à une très-petite espèce.

G. *Lutrictis*. Pomel.

Lutrictis Valetoni. Pomel. (*Lutra Valetoni*. Geoffr. St-Hil.)

De toutes les espèces de Vermiformes ou de Viverrides, celle-ci est la plus répandue dans notre région. Aussi ma collection en renferme des débris assez nombreux, et bien conservés, parmi lesquels une tête assez entière, plusieurs mâchoires inférieures garnies de toutes leurs dents; des humerus et des fémurs d'une belle conservation, etc.

Pour le moment, nous ne citerons pas d'autres genres ou espèces.

5me TRIBU.

LES HYÉNIDES.

G. *Hyœna*. Storr. Epoque Diluv. Châtelperron. *Hyœna Spelœa*. Goldf.

C'est une des espèces qui caractérisent principalement notre Faune Diluvienne. Elle se rapproche de l'Hyène du cap de Bonne-Espérance. (*Hyœna crocuta*. Lin).

Les Hyènes étaient dans notre contrée plus nombreuses que les ours; bien que, dans les cavernes, les ours soient généralement plus abondants. Les os des membres et les mâchoires entières ne se rencontrent guère; mais d'autre part, des parties assez notables de mandibules avec leurs dents, se trouvent facilement; une très-grande quantité de dents sorties des alvéoles, les os de petites dimensions, tels que les Métacarpiens et Métatarsiens se rencontrent assez abondamment.

6me TRIBU.

LES FÉLIDES.

G. *Félis*. Lin.

Aucune espèce de Felis n'a été découverte dans notre terrain miocène, ni à Langy ; ni, que je sache, en Auvergne ; toutes les espèces appartenant au terrain pliocène d'alluvions ponceuses.

Cependant, je signalerai une portion de dent canine, que j'ai recueillie dans les grès de Vaumas ; et qui, étudiée par plusieurs zoologistes, n'a pu être déterminée. Un peu plate, finement crénelée, elle rappelle par sa forme les canines singulières des *Machairodus*, Kaup. (*Meganthereon* Croiz. et Job.)

Mais à l'époque Diluvienne, les grandes espèces de Felis ont vécu dans notre région. Nous indiquerons le *Felis Spelœa*. Goldf. *Grand Felis des cavernes*. Cuv.

Cette espèce, voisine du Lion par ses formes, le dépassait par sa taille. Nous citerons une canine de cet animal offrant 13 centimètres de longueur, et une circonférence de 9 centimètres 1/2 à l'endroit le plus renflé du collet de la racine.

Les autres Felis, non encore déterminés, appartiennent à des espèces de taille plus petite.

ORDRE DES RONGEURS.

Les Rongeurs se rencontrent peu dans nos divers gisements, excepté sur quelques points limitrophes du bassin, et spécialement à Peu-Blanc. Là, ils sont assez communs

dans des lits d'argile verdâtre intercalée dans le dépôt calcaire. Mais la petitesse de leurs débris, et, comme je l'ai
dit pour les Insectivores, la pénurie de pièces comparatives,
ne nous a permis d'en déterminer qu'un petit nombre ; et il
a fallu que dans la personne de M. Lartet, la science et la
bienveillance nous vinsent en aide pour aborder cette classification.

TRIBU DES SCIURIENS.

G. *Sciurus*. Lin.

Sciurus Chalaniati. Pomel. Peu-Blanc, — se trouve
aussi à Langy.

TRIBU DES PSAMMORYCTINS. Pictet.

DES CHINCHILLINS. Pomel.

G. *Archœomys*. De Laiz. et de Par.

Archœomys Arvernensis, De Laiz. et de Par. et Pictet.
(*A. Chinchilloides*. Gerv.

Peu-Blanc. Toury. Se trouve à Langy.

TRIBU DES MURINS.

G. *Mus*. Lin. *Myaron*. Pomel,

Mus Gerandianus. Gervais. Peu-Blanc. Se trouve à Langy.

G. *Arvicola*. Cuv.

Les Arvicola ont été trouvés par nous, en très-grand
nombre dans le gisement de Châtelperron, époque Diluvienne. Les ossements sont bien conservés, malgré leur
petitesse ; ils se rencontrent au milieu des os des grands
carnassiers, des Herbivores et des Ruminans etc., qui
eux-mêmes sont rarement entiers.

Arvicola Robustus. Pomel.

Arvicola Delarbrei. Pomel.

Arvicola Arvaloides. Pomel.

TRIBU DES HYSTRICIDÉS.

G. *Omegodus*. Pomel.

Omegodus Echimyoides. Pomel.

Cette petite espèce, rare, a été rencontrée par nous dans le dépôt de Peu-Blanc.

TRIBU DES CASTORINS.

G. *Stencofiber*. Geoff.

La seule espèce connue.

Stencofiber Escheri. Pomel. (*Castor Viciacensis*. Gerv.)

Qui se rencontre aux carrières des Alletz, et dans la commune de Trezel, et se trouve aussi à Langy, n'est pas très-rare dans notre dépôt ; et nous avons pu en recueillir des échantillons d'une assez belle conservation.

TRIBU DES LÉPORINS.

G. *Lepus*. Lin.

Lepus Diluvianus. Cuv. Epoque Diluvienne. Châtelperron. Espèce très-voisine de notre lièvre commun, et dont les débris se trouvent facilement à Châtelperron.

G. *Lagomys*. Cuv. ou G. *Titanomys*. H. de Meer

Espèces incertaines. Peu-Blanc. Toury. Se trouvent aussi à Langy.

TRIBU DES CAVIENS.

G. *Palanœma*. Pomel.

Palanœma Antiquus. Pomel.

Ce n'est cependant qu'avec doute que nous indiquons comme appartenant à ce genre, et à cette espèce connue, plusieurs débris que nous avons trouvés à Toury et aux Alletz. La tête ressemble assez à celle des Cobayes et les dents sont situées dans le même plan.

Nous indiquons ici un Rongeur que nous avons découvert à Peu-Blanc (commune de Sorbier), et qui, soumis à l'étude consciencieuse de M. Lartet et autres zoologistes, n'a pu encore être déterminé. Non seulement il peut être regardé comme une espèce inconnue, mais il constituera un genre nouveau. Il ne saurait être rangé dans la famille des Murinés ; il se rapproche plus spécialement des Géoriques et des Spalax. La dentition, soit de la mâchoire supérieure, soit de la mâchoire inférieure, étant bien complète et bien conservée, donnera des facilités pour la description et la détermination de cet individu, pouvant être regardé comme typique.

ORDRE DES PROBOSCIDIENS.

Epoque Diluvienne.

Dans le gisement Diluvien de Châtelperron, nous avons rencontré une grande quantité d'os d'éléphants, mêlés aux ossements des Carnassiers, Herbivores et autres animaux, mais ils étaient les plus rapprochés de la surface.

Tous ces débris appartiennent à l'*Elephas primigenius.* Blum.

Les os des membres, malgré leur volume énorme, ont presque tous perdu leurs têtes, sans doute, comme offrant moins de résistance à la dent des Carnassiers, que le corps de l'os.

Trois défenses étaient tellement rapprochées de la surface du sol que l'ivoire intérieur était décomposé, et réduit à l'état spongieux ; et que l'écorce extérieure, l'émail, était fissuré dans tous les sens de manière à présenter l'aspect d'une mosaïque. Cependant nous avons pu en recueillir une qui offre encore 1^m 30 de longueur, les deux extrémités manquant.

Outre les molaires d'adultes, nous avons obtenu des dents de lait, et même des germes de ces dents.

L'*Elephas primigenius* est caractéristique avec quelques autres grandes espèces que nous signalerons, de notre époque Diluvienne comparée à la Faune de la même époque, mais d'un âge plus ancien, et caractérisée elle-même par l'*Elephas Meridionalis*. Cette dernière, forme, pour ainsi dire, la transition entre la Faune pliocène, et celle de notre gisement de Châtelperron.

La commune de Chavroches et celle de Diou nous ont fourni aussi quelques débris des mêmes animaux.

ORDRE DES PACHYDERMES.

1re FAMILLE.

PÉRISSODACTYLES.

TRIBU DES RHINOCÉROIDES.

G. *Rhinoceros*. Lin.

Les Rhinoceros qui manquent à la période tertiaire éocène, ont laissé des débris dans les terrains miocènes et pliocènes ; et ils se retrouvent à l'époque Diluvienne.

La seule espèce que fournisse le gisement Diluvien de Châtelperron est le *Rhinoceros Tichorinus*. Cuv. Mais qui est caractéristique de notre Faune, comparée à la Faune Diluvienne d'un âge antérieur, caractérisée elle-même par le *Rhinoceros leptorhinus*. Cuv.

Le *Rhinoceros Tichorinus* est le Rhinoceros fossile à narines cloisonnées de Cuvier, et qui se rencontre dans presque tous les terrains Diluviens d'Europe. Il était bicorne.

Rhinoceros de l'époque Miocène :

G. *Acerotherium*. Kaup. (*Badactherium*. Croiz.)
Acerotherium Croizetti. Pomel.
Pleuroceros. Duvernoy. — Inédit.

Quatre doigts aux pieds antérieurs; point d'empreinte de cornes sur les os naseaux.

Ce sont les débris de cette espèce que nous rencontrons plus facilement, et qui nous ont permis de donner au cabinet d'histoire naturelle de Paris, qui était privé de cette espèce, une mâchoire inférieure presque complète, avec ses deux mandibules garnies de leurs molaires. Le plâtre de cet échantillon m'a été envoyé en retour. — Du reste cette espèce est encore largement représentée dans ma collection.

Elle se trouve principalement dans les grès de la carrière de la Justice, commune de Vaumas, sur la gauche de la Bèbre. Cependant, je possède des débris découverts dans les carrières calcaires de Prairéal, situées de l'autre côté de la vallée.

Une seconde espèce, d'une taille plus forte, et dont les débris sont plus rares, est :

Acerotherium Lemanense? Pomel. Il se trouve également dans les grès de Vaumas.

Une troisième espèce, du même gisement, mais appartenant au groupe, dont les os naseaux portaient une ou deux cornes, et ayant trois doigts à tous les pieds, est le :

Rhinoceros Paradoxus. Pomel. (Précédemment *R. Tapirinus*. Pomel.) Espèce de petite taille.

Outre ces espèces dénommées, ma collection renferme une certaine quantité d'autres débris appartenant aux Rhinoceros, et trouvés dans les calcaires à Prairéal, commune de Sorbier. Ils ne sont pas encore classés.

Les *Acerotherium* se rencontrent aussi à Langy ; ils y sont très-rares.

Mais il est un autre gisement, moins riche que celui de Langy et le nôtre en fossiles et qui néanmoins jouit aujourd'hui d'une certaine célébrité parmi les paléontologistes, à cause des beaux débris de Rhinoceros qu'on y a découverts. Ce sont les carrières calcaires de Gannat, à l'extrémité sud-est du département de l'Allier.

TRIBU DES TAPIROIDES.

G. *Tapirus*. Brisson.

Tapirus, Poirrieri. Pomel.

Cette espèce de petite taille, à molaires inférieures très étroites, est la seule du genre que nous ayons trouvée dans notre gisement miocène. Jusqu'à ce jour, elle ne s'est montrée que dans les grès de Vaumas.

TRIBU DES SOLIPÉDES.

G. *Equus*. Lin.

Ce genre appartient exclusivement à l'époque Diluvienne. Les débris fossiles de chevaux sont extrêmement communs dans nos gisements Diluviens, et surtout à Châtelperron. Mais si les os entiers des membres se trouvent facilement, nous ne rencontrons guères de têtes ou même de fragments de têtes un peu volumineux ; mais d'un autre côté, les dents détachées de leurs alvéoles sont très-abondantes ; nous en possédons au moins 200 ainsi isolées. Elles appartiennent à tous les âges de l'animal, depuis les germes et dents de lait, jusqu'aux dents les plus usées. Les différences très-prononcées qui se rencontrent chez un certain nombre d'entr'elles nous entraîneraient à croire à quelques races spécifiquement différentes, les unes de la taille de nos chevaux vivants, les autres ne dépassant pas celle de l'âne.

Cependant, jusqu'à ce qu'une étude suivie ait fait reconnaître avec précision si plusieurs espèces doivent être distinguées, nous classerons tous ces nombreux débris sous le nom de :

Equus fossilis. Cuvier. (*Equus Adamiticus*. Schl.)

2me FAMILLE.

ARTIODACTYLES.

TRIBU DES SUILLIENS.

G. *Sus*. Lin.

Sus Priscus. Marcel de Serres.

Epoque Diluvienne. Châtelperron.

Tous les autres Artiodactyles appartiennent à la période miocène.

G. *Palæochœrus*. Pomel.

Palæochœrus Typus. Pomel.

C'est l'espèce la plus répandue dans nos gisements, sans être néanmoins commune. Toury, les Alletz, Peu-Blanc. Nous en possédons des fragments de Langy.

Palæochœrus Major. Pomel. Toury. Se trouve à Langy.

G. *Bothriodon*. Aymard. (*Ancodus*. Pomel.)

Les *Bothriodon* ou *Ancodus* qui avaient été regardés comme propres au bassin du Velay et étrangers à celui d'Auvergne, ont été trouvés dans notre terrain miocène du Bourbonnais, mais non à St-Gerand-le-Puy. Nous en possédons plusieurs espèces, dont deux seulement sont déterminées :

Bothriodon Leptorhynchus. Aymard.

Provenant des grès de Vaumas.

Bothriodon Platyrhyncus. Aymard. (*Ancodus Velaunus*. Pomel.

Trouvé également à Vaumas dans les grès; mais, en outre, à Plairéal, même commune, dans les calcaires.

Les autres débris, appartenant à ce genre, viennent des carrières de calcaires de Labeur et Plairéal (Vaumas).

Mais une mention particulière est due à une espèce dont je possède la majeure partie du squelette, comme on peut le voir dans le détail suivant :

Mandibule inférieure, entière et d'une belle conservation, s'étant trouvée isolée dans un trou de la pierre calcaire, rempli d'une terre argileuse.

La mâchoire supérieure du même individu, car elle s'adapte parfaitement avec la mâchoire inférieure, se trouvait avec les os des membres dans un bloc calcaire qui, cédant sous l'effet de la poudre, a mis à découvert ces ossements plus ou moins fracturés. Aussi n'ai-je qu'une portion de la mâchoire supérieure avec six dents;

Partie inférieure de l'omoplate gauche;

Extrémité supérieure de l'humérus droit;

Radius droit, entier; radius gauche, brisé, mais offrant les deux têtes intactes;

Les deux cubitus;

Extrémité supérieure du troisième métacarpien gauche, troisième métacarpien droit, entier;

Huit phalanges, soit des membres antérieurs, soit des pieds de derrière;

Partie supérieure du fémur, droit;

Tibia droit fracturé, mais offrant les deux têtes intactes;

Tibia gauche fracturé, mais donnant néanmoins toute la longueur de l'os et les deux têtes intactes;

Astragale gauche; calcaneum droit;

Trois métatarsiens plus ou moins entiers;

Deux vertèbres dorsales; quatre côtes et quelques fragments

Cette espèce a été trouvée dans les calcaires de Prairéal, commune de Vaumas.

Les carrières de grès de la Butte de la Justice et celles de calcaires de Labeur ou de Prairéal, sont sur la ligne limitrophe des deux communes de Vaumas et de Saint-Pourçain-sur-Bèbre; c'est là, avec Toury, le point le plus avancé au nord de nos gisements fossilifères; et c'est, jusqu'à ce jour, la seule localité ou les *Bothriodon* ou *Ancodus* aient été rencontrés. Cette localisation de ce genre, est importante à consigner; presque au confluent de la Bèbre et de la Loire. Elle aidera peut-être à expliquer ce fait de la présence des *Bothriodon*, communs dans le bassin du Velay, sur ce point isolé et extrême de la région fossilifère de l'Allier, tandis qu'ils ne se rencontrent plus dans le reste de notre bassin.

G. *Hyopotamus*. Owen.

Mêmes localités.

M. Pomel ne distingue pas les *Hyopotamus* de ses *Ancodus*.

Les grès de Vaumas, nous ont donné :

Hyopotamus porcinus. Gervais.

Et les calcaires de la Labeur, quelques débris du même genre, mais non encore déterminés.

G. *Anthracotherium*. Cuv.

Anthracotherium Magnum. Cuv.

Cette grande espèce n'est représentée dans ma collection que par une seule incisive supérieure, mais bien conservée, et indiquant facilement l'espèce.

Je n'ai pas recueilli moi-même cet échantillon. Il m'a été donné, comme provenant des grès de Vaumas. Mais j'ai quelques doutes à ce sujet. Proviendrait-il de Digoin (Saône-et-Loire), localité peu distante de Dompierre, à l'Est ? C'est, en effet, à Digoin que cette espèce a été trouvée en 1836 ; elle est possédée aujourd'hui par le cabinet d'histoire naturelle de Lyon, qui a bien voulu me donner les plâtres d'une partie de la dentition de cet animal.

TRIBU DES ANOPLOTHEROIDES.

G. *Cainotherium* ou *Cœnotherium*. Bravard.
(*Oplotherium, de Laiz et de Par.*

Les débris de ces petits Pachydermes sont tellement répandus dans tous les gisements tertiaires de la contrée, aussi bien dans les grès que dans les calcaires, qu'ils peuvent être caractéristiques de notre région fossilifère. Ma collection renferme près de cent mâchoires inférieures plus ou moins intactes ; mais, à cause de leur fragilité, celles qui sont bien entières sont rares. J'ai pu extraire de la pierre des têtes, à peu de chose près, complètes et d'une très-belle conservation. Les os des membres sont abondants partout.

Ces animaux sont communs aussi à Langy.

Ils sont rares dans le Puy-de-Dôme ; encore plus dans le bassin du Velay ; manquent totalement dans celui du Gers.

Les *Cœnotherium*, comme le remarque fort bien M. Pomel, semblent représenter, à cette époque ancienne, nos lièvres d'aujourd'hui. Malgré la différence d'organisation de ces petits Pachydermes comparés aux Rongeurs, cependant le facies général des uns et des autres, leur pullulation peu ordinaire et qui ne peut se comparer qu'à celle de certains Rongeurs ; quelques détails de conformation surtout dans la tête, et qui semblent établir de l'analogie, paraissent indiquer des habitudes semblables.

La très-grande quantité de débris de *Cœnotherium* que je possède, réclame une étude et des observations minutieuses. Bien des espèces sont à nommer ; peut-être même aura-t-on plusieurs genres à établir ; car bien que le caractère distinctif des *Cœnotherium* soit d'avoir les dents en série continue, je possède néanmoins des échantillons, offrant réellement des barres.

Il y a plusieurs années, ma collection étant peu nombreuse encore, j'avais soumis à l'étude de M. Pomel trois ou quatre débris seulement de ce genre. Ils furent suffisants, pour lui donner lieu d'ajouter une espèce nouvelle,

Le *Cœnotherium Gracile*. Pomel.

Aux cinq à six espèces déterminées par M. Bravard, dans sa monographie de ce genre.

ORDRE DES RUMINANS.

FAMILLE DES CERVIDES.

G. *Amphitragulus*. Pomel.
G. *Dremotherium*. E. Geoffr.

Nous réunissons ces deux genres, jusqu'à ce que l'étude des pièces nombreuses que nous possédons ait permis d'établir une classification.

Sans être aussi communs que les Cœnotherium, nous pouvons dire que les Amphitragulus et les Dremotherium caractérisent aussi notre bassin du Bourbonnais. Ils se rencontrent aussi fréquemment à Langy que dans notre région. Ils se montrent beaucoup moins au nord dans les gisements des environs de Vannas ; ils sont communs surtout dans les carrières des Alletz.

Si nous confondons ici ces deux genres, c'est à cause de la difficulté de les séparer sans une étude approfondie. La grande canine de la mâchoire supérieure qui appartient exclusivement aux Amphitragulus, n'a jamais été trouvée par moi, ni par d'autre personne que je connaisse, adaptée réellement à la mâchoire supérieure, presque toujours tronquée au contraire à son extrémité. Et le second caractère distinctif qui sépare le Dremotherium de l'Amphitragulus, c'est-à-dire, une prémolaire de moins à la mâchoire inférieure, pouvant bien n'appartenir souvent qu'à des individus non encore parvenus à l'âge adulte. Un animal appartenant à un de ces deux genres, et dont j'ai trouvé le squelette presque entier, nous en offre un exemple remarquable. La dentition de la mâchoire inférieure n'indique que six molaires, tandis que les Amphitragulus en ont sept; mais la forme des dents semble le rapprocher de ce dernier genre. D'autre part, l'animal n'était pas adulte; car une légère fracture à la mandibule laisse à découvert une partie de la dent de remplacement poussant hors de l'alvéole la dent de lait encore en place. Ce squelette, bien qu'assez fragile, doit sa conservation à un petit lit de sable intercalé dans les calcaires, et dans lequel il avait été enfoui. Malheureusement la mâchoire supérieure, qui eut levé sans doute toute incertitude ne s'est pas rencontrée, tandis que le reste du squelette comprend même les plus petits os, tels que les phalanges et les os sésamoïdes. L'épine dorsale manque, ainsi que les côtes.

Les mâchoires supérieures de ces genres se trouvent difficilement, tandis que les inférieures sont très-abondantes ; mais presque toujours elles sont brisées à la barre. Les os des membres sont très-répandus dans les différentes carrières.

G. *Cervus*. Lin.

Epoque Diluvienne. Châtelperron.

Les Cerfs se trouvent en grand nombre à l'époque Diluvienne, mais les bois ne se rencontrent qu'en fragments peu considérables. Là cependant réside le caractère distinctif. Aussi, malgré beaucoup de débris, et surtout de nombreux fragments de mâchoires ; je dirai même, à cause de cette grande quantité d'ossements divers, nous différons la détermination des genres et espèces, jusqu'à ce que des moyens de comparaison nous aient permis une classification.

Nous nous contenterons donc d'indiquer pour le moment deux espèces seulement assez positivement dénommées :

Cervus Guettardi. Cuv. différent fort peu du *Cervus Tarandus* (Renne — actuellement vivant).

Cervus Intermedius. Marcel de Serres. Ayant beaucoup de rapports avec le Cerf commun, mais plus grand.

FAMILLE DES ANTILOPIDES.

G. *Ovis*. Lin.

Ovis Primæva. Gervais. Epoque Diluvienne. Châtelperron.

G. *Bos*. Lin.

Bos Primigenius. Blum. Qu'on peut regarder comme la souche possible de nos bœufs domestiques ; bien que plus trapu et d'un tiers plus grand.

Sans être aussi commun que le cheval, le *Bos Primigenius* se montre facilement dans notre dépôt Diluvien. Peu de fragments de têtes se rencontrent ; mais beaucoup de dents détachées. Les gros os des membres sont presque toujours fracturés. Les petits os, tels que les Métacarpiens, les métatarsiens, les phalanges sont communs et entiers.

2me CLASSE.

LES OISEAUX.

Les débris d'oiseaux ne sont pas rares sur les différents points de notre terrain miocène, aussi bien que dans le dépôt Diluvien. Mais les matériaux sont incomplets, et la science est en retard pour la classification de ces animaux ; aussi ne les citerons nous ici que pour mémoire.

Malgré la fragilité de ces débris, nous en possédons un assez grand nombre d'une assez belle conservation ; et qui pourront fournir des sujets intéressants d'étude. Presque tous les gisements tertiaires nous en ont fourni. Peu communs dans les grès ; ils sont assez répandus dans certaines carrières calcaires de l'intérieur du bassin ; sur quelques points, ils sont même plus faciles à recueillir que les ossements de Mammifères. Les communes de Trezel, Chavroche, Jaligny en offrent des exemples ; cependant, à Labeur, commune de Vaumas, ils sont aussi assez nombreux.

Les Échassiers,
Les Palmipèdes,
Et les Oiseaux de Proie,
sont les familles qui se rencontrent le plus volontiers. Mais les Échassiers dominent. Il en est de même dans le gisement de Langy.

Parmi les oiseaux de proie, nous citerons un *Yethiophage* voisin du *Balbuzard*, qui devait trouver dans le bassin lacustre, une nourriture abondante en poissons et autres animaux.

Un bec isolé, mais d'une très-forte dimension, indique un Longirostre compris entre les *Cigognes* et les *Hérons*.

Nous n'osons pas, pour le moment, nous étendre davantage sur ces déterminations. Tout ce qu'il nous est possible de faire, est de continuer à recueillir des débris de cette classe d'animaux, afin de fournir plus tard à la science des matériaux pour leur étude et leur classification.

3me CLASSE.

LES REPTILES.

REPTILES PROPREMENT DITS.

ORDRE DES CHÉLONIENS OU TORTUES.

Les Tortues, sans être trop communes, sont néanmoins largement représentées dans notre bassin tertiaire; et l'ensemble de leur réunion forme peut-être la partie la plus complète de ma collection. Certains genres se rencontrent aussi dans les carrières de St-Gérand-le-Puy; mais des familles entières sont propres à notre localité.

Le plus habituellement les pièces qui composent la carapace et le plastron sont séparées et disséminées; mais quelquefois ces différentes pièces restent assez bien juxtaposées les unes aux autres, suivant l'ordre qu'elles occupaient primitivement dans l'animal vivant. Cette particularité nous a permis de ressouder des moitiés, deux tiers, ou trois quarts de carapaces ou plastrons.

Sur les quatre familles qui composent les Chéloniens, les trois premières se rencontrent dans nos dépôts ; la quatrième, comprenant les Thalassites ou Tortues de mer, manque nécessairement.

1re FAMILLE.

TORTUES TERRESTRES OU CHERSITES.

TORTUES PROPREMENT DITES.

G. *Testudo*. Brong.

Testudo Gigantea. Bravard.

Se rencontre principalement dans les grès de Vaumas. Cependant les carrières calcaires de Labeur, même commune, nous en ont donné quelques débris, ainsi que d'autres gîtes calcaires.

G. *Ptychogaster*. Pomel.

C'est à ce genre qu'il faut rapporter la plus grande partie des débris de Chéloniens qui se rencontrent dans notre région. C'est ce genre aussi qui fournit presque exclusivement les Chéloniens de St-Gerand-le-Puy.

Le gisement de notre localité le plus abondant en *Ptychogaster* est Peublanc. Mais là surtout les pièces se montrent isolées et détachées les unes des autres. Presque toujours elles se trouvent dans les lits de sables et argiles qui sont intercalés dans les calcaires. Aussi ces pièces sont-elles blanches ainsi que les ossements qui les accompagnent ; tandis que la couleur des ossements provenant des autres carrières est plus ou moins noirâtre, et les ossements eux-mêmes sont silicifiés, ce qui n'existe plus à Peublanc.

Les carrières des Alletz sont le second dépôt le plus riche en *Ptychogaster.*

Nous n'avons pas encore osé entreprendre les dénominations spécifiques. Mais je crois posséder cinq à six espèces distinctes pouvant se rapporter à ce genre.

2ᵐᵉ FAMILLE.

TORTUES PALUDINES OU ÉLODITES.

G. *Les Emydes. (Emys.* Duméril.)
Emys Elaveris. Pomel inédit.
Grès de Vaumas.

G. *Les Chélydres.* (Chelydra, Schw.)
(*Syn, Emysaurus,* Dum et Bib.)
Chelydra Meilheuratiœ. Pomel.

Ce genre, qui ne comprend aujourd'hui dans la nature vivante qu'une seule espèce, la *Matamata* appartenant à l'Amérique septentrionale, ne renfermait aussi qu'une seule espèce fossile connue, celle d'Œningen (du terrain pliocène) ; notre dépôt miocène nous en a fourni une seconde, ayant son plastron plus étranglé encore que la *Chelydra* d'Œningen, c'est la *Chelydra Meilheuratiœ.* Pomel.

Nous en possédons de fort beaux débris, la plus grande partie des pièces de la carapace et du plastron, et en outre quelques os du squelette.

Son principal gisement est dans les grès de Vaumas ; cependant la carrière calcaire de Prairéal, vis-à-vis les grès de la Butte de la Justice, mais de l'autre côté de la vallée de la Bèbre, nous en a fourni quelques échantillons. Ce genre ne se rencontre donc que vers l'extrémité nord du bassin.

3me FAMILLE.

TORTUES FLUVIALES OU POTAMITES.

G. *Trionyx*. Geoff.

C'est encore un genre presque spécial à nos grès de Vaumas, bien que nous en ayons trouvé quelques rares débris dans les autres carrières au nord de notre bassin.

La Trionyx antiqua. Pomel, inédit,

N'est pas rare dans les grès qui nous ont donné d'assez belles pièces de la carapace et du plastron, ainsi que quelques os des membres.

ORDRE DES SAURIENS.

FAMILLE DES CROCODILIENS OU SAURIENS CUIRASSÉS.

Sans être aussi riche en crocodiliens qu'en chéloniens, cependant notre région fournit d'assez beaux gisements de ces grands reptiles. Nous en possédons de nombreuses pièces, mais qui ont besoin d'être étudiées et classées.

Nous indiquerons une espèce du groupe des Caïmans et qui a fourni à M. Pomel son genre *Diplocynodus.*

Diplocynodus Ratellii. Pomel.

Des grès de Vaumas. C'est la seule espèce que renfermait ma collection, il y a peu de temps encore. Mais plusieurs carrières de pierres calcaires, principalement aux Alletz, nous en ont fourni des débris assez abondants.

Nous citerons un individu provenant des Alletz et dont nous possédons la partie postérieure de la tête, seize vertèbres, une partie des os des membres et une très grande quantité des plaques écailleuses qui recouvraient l'animal.

Une autre carrière, également aux Alletz, nous en a donné une autre espèce beaucoup plus petite, dont nous avons la même partie postérieure de la tête, que dans l'espèce précédente, et un certain nombre d'ossements.

Deux autres individus proviennent du même gisement.

Les calcaires de Labeur (Vaumas), nous ont fourni une partie notable d'une mâchoire inférieure.

Peublanc nous a donné la plus petite espèce que nous possédions et représentée dans notre collection par une moitié de la mâchoire supérieure et quelques os des membres.

On rencontre assez facilement dans les roches et surtout dans les sables qui les accompagnent sur les bords du bassin, des dents isolées de leurs alvéoles.

Famille des Lacertiformes ou Sauriens Squammeux.

G. Lacerta. Lin.

Ce genre se trouve assez facilement, principalement à

Peublanc, dans les argiles Les carrières de Labeur et de Toury nous en ont fourni aussi. Les vertèbres surtout sont abondantes Les os des membres le sont moins. Nous possédons une dizaine de mâchoires, dont la détermination réclame une étude suivie. Nous pensons que c'est sur des débris analogues que M. Pomel a créé son genre des *Sauromorus*, dont il indique deux espèces, se trouvant à Langy ; le *S. Ambiguus* et le *S. Lacertinus*.

G. *Anguis. Lin.* (Syn. Ophodon. Pomel.) Orvets.

Qu'à l'exemple de M. Pictet nous retranchons des Ophidiens, pour les classer parmi les Lacertiformes.

Ophiodon Antiquus. Pomel.

Nous en trouvons très-abondamment les vertèbres à Toury et surtout à Peublanc ; les autres ossements sont rares.

Reptiles Amphibiens ou Batraciens.

ODRE DES BATRACIENS ANOURES

G. *Rana L.*

Nos terrains miocènes fournissent des débris qui, évidemment, se rapportent à ce genre, mais qui ont besoin d'être déterminés spécifiquement.

Peublanc nous en a fourni le plus grand nombre ; quelques ossements proviennent de Labeur, quelques autres de Toury.

ORDRE DES BATRACIENS URODÈLES.

Ils sont plus répandus dans notre région fossilifère que les Batraciens Anoures. Ils se trouvent aussi à Langy.

G. *Salamandra*. Lin.

Nous avons une très grande quantité de vertèbres, très bien conservées et beaucoup d'ossements des membres, mais généralement fracturés, qui se rapportent à ce genre et peut-être aussi au

G. *Triton*. Laur

ou salamandres aquatiques; mais la distinction à établir réclame une étude minutieuse.

Les gisements sont les mêmes que ceux des Batraciens Anoures.

4ᵐᵉ CLASSE.

LES POISSONS.

Sur les limites du bassin, principalement dans les grès, se rencontrent des débris de poissons d'eau douce. Le gisement le plus abondant est la carrière de Chassimpierre, dans la commune de Châtelperron. Un petit lit de grès, à ciment calcaire, horizontal, se séparant facilement en dalles de 0ᵐ 40 à 0ᵐ 45 d'épaisseur, fournit une assez grande quantité d'empreintes entre ces feuillets. Je n'ai jamais rencontré néanmoins, une portion quelque peu notable de poisson. Mais les pièces détachées de la tête et les vertèbres se trouvent fréquemment.

Les couches des grès les plus grossiers de Vaumas et les lits de sable qui les accompagnent fournissent aussi assez abondamment ces mêmes débris. J'en ai rencontré quelques-uns mais rares, à Peublanc. Ils ne sont pas encore déterminés.

APPENDICE.

La partie nord-est du département de l'Allier, dont nous venons d'examiner les dépôts fossilifères, lacustres et diluviens, offre encore de riches sujets d'étude dans le bassin houiller de Bert-Montcombroux, peu distant des terrains tertiaires, puisque dans sa partie sud-ouest, il n'en est séparé que par une bande très-étroite, formée de ces dépôts de sables pliocènes dont nous avons parlé, et qui, sur ce point, recouvrent directement le terrain houiller.

Certaines couches schisteuses du bassin de Bert-Montcombroux, fournissent assez abondamment des empreintes de plantes. Aussi ai-je pu en recueillir une collection très variée. Je ne suis nullement à même aujourd'hui de pouvoir, effleurer même, la classification de cette Flore. Cependant, me confiant sur les lumières et l'aide de quelques uns de nos savants, j'espère aborder un jour l'étude de cette végétation de l'ancien monde.

Mais, outre cette Flore, ce bassin houiller possède encore une Faune des plus intéressantes pour l'étude.

Les couches de schistes bitumineux renferment des empreintes de poissons et même quelques mollusques, mais très rares. Le terrain houiller de Montluçon, à l'ouest du département, possède des genres de poissons analogues aux nôtres; mais c'est dans les terrains carbonifères d'Edimbourg qu'il faut aller chercher l'identité des espèces avec celles de Bert.

Il y a plusieurs années déjà, je n'avais recueilli que cinq à six débris de poissons de ce bassin. Ils étaient tellement informes, que je ne m'étais pas même occupé de les réclamer. Ils avaient été soumis à l'examen du premier ichthyologiste de notre époque, M. Agassiz. Ils furent suffisants néanmoins pour que ce savant y découvrit trois genres et trois espèces. J'en joins ici textuellement la description :

ORDRE DES PLACOIDES.

G. *Tristichius*. Agass.

1. *Tristichius arcuatus*, Ag. ou espèce très-voisine de celle-ci et qu'il ne nous est pas possible de différencier à cause de l'état imparfait de nos échantillons.

Terrain Houiller à Bert-Montcombroux, (Poirrier).

G. *Diplodus*. Agass.

1. *Diplodus Gibbosus*. Ag. Squalide très-remarquable par les deux pointes divergentes de la couronne de ses dents, qui sont fortement gibbeuses à leur base.

Terrain houiller à Bert-Montcombroux. (Poirrier).

ORDRE DES GANOIDES.

G. *Propalæoniscus*. Pomel.

Ce genre, très voisin des *Palæoniscus*, en diffère surtout par ses écailles fortement striées et des particularités de structure de sa tête et de ses nageoires.

1. *Propalæoniscus Agassizii*. Pomel.

Grande espèce à corps assez épais.

Terrain houiller à Bert-Montcombroux et à Montluçon. (Poirrier).

Depuis lors, j'ai recueilli une certaine quantité de Poissons et d'une conservation bien supérieure. Mais M. Agassiz réside, depuis plusieurs années en Amérique, où il travaille à un immense ouvrage sur ces contrées. Je n'ai pas l'avantage de connaître d'autres savants qui se soient livrés à cette étude spéciale. Peut-être plus tard, serai-je plus heureux pour rencontrer un guide qui me dirige dans ce travail nouveau pour moi. Ce ne serait qu'alors que je pourrais compléter l'énumération de toutes les richesses zoologiques et de végétation que ces époques anciennes ont laissées dans les contrées que nous habitons aujourd'hui.

Co et imp de M. Jourdain

www.ingramcontent.com/pod-product-compliance
Lightning Source LLC
LaVergne TN
LVHW011352170726
843501LV00006B/1788